SUR LE PRINCIPE

DE

L'UNITÉ DE COMPOSITION

ORGANIQUE.

DISCOURS PRÉLIMINAIRE.

Utilitati.

L'année 1828 sera remarquée par un entraînement plus décidé des esprits vers un savoir profond, par un besoin plus vif des fortes études. On veut entrer plus rapidement en partage des acquisitions récentes de la philosophie moderne : la sténographie est employée comme moyen, et le haut enseignement de Paris est répété par des publications quotidiennes.

Mes leçons sur l'histoire naturelle des Mammifères furent aussi comprises dans cette mesure; je n'en fus prévenu que deux jours avant de commencer. Pris au dépourvu, je balançai : on insista. Il s'agissait d'être *utile*, et je cédai à cette considération d'un effet toujours magique pour moi.

Je connus bientôt les difficultés de ma position : ce sont choses bien différentes à mettre en pratique que d'établir par paroles ou par écrit une démonstration d'histoire naturelle. Que je tienne en main un objet, on le voit, et je passe de suite aux explications; mais que j'en écrive, il faut d'abord que je le rende visuel à l'esprit par une description; mais de plus, cet objet en démonstration est, dans le premier cas, présenté à plusieurs fractions de l'auditoire, et chaque fois avec la répétition des mêmes explications. Cela rendu dans la leçon imprimée serait fastidieux, intolérable; alors j'ai dû, dans la rédaction de cet ouvrage, louvoyer entre plusieurs écueils : on trouvera que d'abord je suis resté plus fidèle aux données de la sténographie, puis bien moins dans les dernières leçons.

Quelle sorte de style pourra ajouter à l'intérêt du sujet? Pompeux, abondant en allusions et trop riche d'images, il est à craindre que les métaphores manquent de justesse. L'on est présentement entré dans une voie de perfectionnement qui nous porte sur le réel, sur le positif des choses. Buffon écrirait aujourd'hui : il serait toujours notre admirable Buffon, un écrivain sublime; mais il serait grand écrivain d'une autre façon.

Cependant, que, pour satisfaire à ce goût du jour pour une exactitude parfaite, le style devienne descriptif au point de n'omettre aucun détail, quels efforts d'attention y peuvent suffire? De tels détails sont rejetés comme pièces probantes dans de grands dépôts, les Dictionnaires à consulter, et les autres collections dites Mémoires. S'en tenir à la sommité des faits, mais sévèrement concentrés, est, je crois, le moyen d'intéresser le plus grand nombre des lecteurs, c'est instruire avec des formes concises. Voilà où j'ai désiré amener mon style.

J'ai vu deux écueils, et j'ai voulu les éviter tous deux.

1° Les naturalistes placés près les collections mettent toute leur attention à bien décrire un objet nouveau, c'est-à-dire à l'établir très-différent des êtres les plus voisins; puis ils recherchent dans les voyageurs quelques récits de mœurs dont ils pensent pouvoir enrichir leur description; mais les habitudes vont-elles bien aux détails organiques qu'elles supposent? on n'est nullement difficile sur ce point; on l'admet sans scrupule.

2° D'autres naturalistes, sans y attacher sans doute une bien grande importance, trouvent piquant d'expliquer ce qu'ils voient par des rapports nécessaires dont ils ont déplacé les points de départ. Dans cet abus de la philosophie des causes finales, c'est faire engendrer la cause par l'effet. Ainsi, a-t-on fait la remarque qu'un oiseau parcourt les régions de l'atmosphère? on en conclut qu'il lui est accordé une organisation pour suffire à cette destination: l'on ajoute qu'il doit avoir des os creux pour peser moins, une ample fourrure tissée de plumes légères, le membre de devant accru extraordinairement, etc. On a dit pareillement du poisson, que, parce qu'il vit dans un milieu plus résistant que l'air, ses forces motrices sont calculées pour lui procurer tel mode de progression ; que parce qu'il fait partie de l'embranchement des Vertébrés, il doit avoir un squelette intérieur : et puis, parvenu à la conclusion de ces raisonnemens, l'on paraît émerveillé que toutes ces choses nécessaires se rencontrent simultanément, qu'elles arrivent ainsi à point nommé pour consacrer le principe d'ordre et d'harmonie manifeste dans tous les ouvrages de la création.

A raisonner de la sorte, vous diriez d'un homme qui fait usage de béquilles, qu'il était originairement destiné au malheur d'avoir l'une de ses jambes paralysée ou amputée. Restons les historiens de ce qui est; n'arrivons sur les fonctions qu'après avoir vu ou cherché à voir quels instrumens les produisent. Chaque être est sorti des mains du Créateur avec de propres conditions matérielles; il peut, selon qu'il lui est attribué de pouvoir; il emploie ses organes selon leur capacité d'action.

Il est bien vrai qu'assez souvent des faits de mœurs nous sont révélés sans le principe qui les a produits. C'est ce qui fut à l'origine des choses, quand l'homme, sensible au grand spectacle des scènes de la nature, essaya de les comprendre (*voyez* Première leçon, pag. 9); et de même aussi nous avons journellement sous les yeux des parties organiques dont l'utilité nous est inconnue, dont l'action et le jeu nous échappent.

Quelle est et doit être notre position, soit devant des effets sans causes reconnues, soit réciproquement devant quelques organes en apparence improductifs? Évidemment, je le pense, de nous en prendre à nous-mêmes, d'avouer notre incapacité, d'espérer en la marche progressive des idées, enfin de signaler une lacune à nos successeurs, si nous désespérons de la pouvoir remplir par d'ardentes et de laborieuses investigations.

Je fus dans ce cas à l'égard du crocodile. D'anciennes observations et tous les voyageurs modernes nous le donnaient pour un animal timide à terre. Si alors il lui arrive de tomber sur une proie, il le fait à l'improviste; il a préalablement bien pris ses mesures. Il ne manque point de pourvoir d'abord à sa sécurité; il y déploie tous les moyens d'une habile tactique, toutes les ressources de la ruse; sinon, et pour le peu qu'il ait sujet de craindre, il se jette à l'eau : ce n'est que dans ce milieu que, plein de confiance dans les moyens qu'il déploie, il peut tout oser. Dans ce cas, téméraire jusqu'à l'excès, il n'est sorte d'ennemis qu'il n'attaque de front. Sa vigueur, son énergie sont au comble, ses poursuites ardentes ; objet d'une terreur profonde, tous les animaux le fuient. Or, réfléchissant à ces faits d'habitudes, il me parut qu'il n'y avait pas organisation *connue* chez le crocodile pour les produire. Car toute dépense extraordinaire de forces vives n'est possible que par une sur-excitation et une plus grande alimentation des phénomènes respiratoires ; mais cet excès dans les moyens de la respiration, les poumons ne les accordent qu'aux animaux qui séjournent dans le milieu aérien. Comme animal à poumons, le crocodile se trouvait assujéti à cette règle. Je ne donne point ici toutes les idées intermédiaires ; mais en définitive, j'en vins à découvrir que toutes les habitudes avérées avaient une cause assignable, qu'il y était pourvu par une modification fort curieuse de l'organisation, et qu'en effet les crocodiles ajoutent à leurs moyens de respirer, comme animaux du milieu atmosphérique, les facultés respiratoires d'une grande partie des animaux du milieu aquatique : ils respirent aussi, immergés dans l'eau, à la manière des holothuries ; leur abdomen se convertit, durant leurs grandes évolutions, comme nageurs, en une vaste trachée aquatique. L'on trouvera ces faits exposés avec détails à l'*Art.* CROCODILE, dans la dernière livraison de la Description de l'Égypte : cette dernière livraison doit paraître en novembre 1828. *Voyez* aussi la leçon 3, pages 25, 28 et suivantes.

L'on a quelquefois reproché à certains travaux d'histoire naturelle de manquer de liaison, de rester dans le caractère de matériaux isolés, enfin de ne point tendre assez à l'unité scientifique; l'on trouvera sans doute que les leçons que je publie ne doivent pas être comprises dans la même condamnation. Une pensée dominatrice les a inspirées : d'elle, que je tiens pour la règle souveraine de l'organisation, je descends aux faits particuliers, la poursuivant sans cesse dans ses diverses manifestations; ou bien je reprends chaque sorte de diversité, et par une appréciation comparative de tous les cas différens, j'arrive à ce qu'ils offrent de commun, en définitive je parviens à les embrasser dans des rapports généraux. C'est ainsi que j'en vins à concevoir qu'il n'y a, philosophiquement parlant, qu'un seul mammifère, dans ce sens que cet être idéal est pourvu et animé par des ressorts semblables. Chaque système qui le compose se répète d'un animal à l'autre : ce sont toutes parties identiques, se trouvant dans les mêmes rapports de connexion et de fonction. Telle fut, telle est toujours ma préoccupation dans toutes mes études zoologiques. Mais cette ressemblance philosophique n'empêche point qu'il n'y ait diverses sortes de totalité de ces mêmes parties d'organisation, diverses en raison de la dimension de chacune. Chaque fois qu'apparaît une autre de ces totalités d'organes, la répétition n'est jamais une toute semblable copie d'elle-même. Des effets de la loi du balancement des organes s'y manifestent ; telle partie est plus grande, telle autre plus petite. Ces modifications vers les confins de chaque système amènent ainsi quelques différences dans les formes, différences légères dans ce sens qu'elles n'affectent nullement l'essence du type primordial; mais différences importantes toutefois, à les considérer dans leurs résultats définitifs, puisqu'elles modifient la fonction, qu'elles engendrent d'autres habitudes. Ainsi les quatre extrémités servent constamment à la progression, mais non toujours et absolument de la même façon. Les organes des sens sont pour tous les êtres des sentinelles vigilantes qui les avertissent en temps utile et qui les guident dans tous les besoins de la vie; mais selon que le volume respectif de ces organes se trouve changé, l'un prédomine sur l'autre, et son influence en est accrue : c'est donc entre tous les mammifères comme entre tous les individus d'une même espèce; nous trouverons qu'un homme est semblable à un autre homme, en reprenant et comparant chaque partie avec sa semblable; cependant que de différences dans le détail des formes, et par conséquent et plus manifestement encore dans le caractère et dans les habitudes de chacun.

C'est là qu'en définitive doit aboutir l'œuvre de la science, en quoi consistent les sommités d'une histoire raisonnée des animaux; car peu importe que les traits soient plus saillans d'un animal à l'autre qu'entre les individus d'une même espèce, quant à la manière de les considérer : leurs points communs bien constatés intéressent principalement. Ainsi il y a quelques différences qu'il faut saisir et soustraire, pour laisser entière la somme des ressemblances.

Ce but rempli, toutes les ressemblances philosophiques étant appréciées, les différences ressortent avec plus d'évidence et de netteté. Qu'il s'en trouve en définitive de si considérables qu'elles offrent à une première vue des combinaisons d'organes inexplicables, que ces diversités aient embarrassé au point d'avoir été considérées et appelées des *anomalies*, rien de cela ne peut plus nous surprendre, ne doit nous arrêter. Mais au contraire toutes ces anomalies, portées même au degré d'exception que nous avons fait connaître en traitant de la vision et de la génération de la taupe, ne nous occupent plus que comme des problèmes compliqués offerts de temps en temps à la sagacité du naturaliste, et l'intéressant par l'attrait d'une difficulté insurmontée jusque là. Mettre ces problèmes sous la forme d'une équation, en voie d'une prochaine solution, devient facile aujourd'hui. Pour mon propre compte, je m'y attache avec prédilection, persuadé qu'il n'est point d'anomalies dans le sens absolu de cette expression, qu'il n'en est véritablement aucune qu'on ne puisse faire rentrer dans la règle.

Ce n'est point ce qu'on faisait, et surtout ce qu'on voulait faire autrefois. Le perfectionnement des méthodes d'histoire naturelle était, sur la fin du dernier siècle, le but des principaux efforts, le terme des recherches les plus assidues. Or, de tels arrangemens reposent sur des différences bien expliquées : on les voulait grandes pour rendre les caractères plus prononcés, plus expressifs ; loin de songer à ramener les écarts, on s'y plaisait, on les recherchait ; en rencontrer était une bonne fortune : de longs et pénibles voyages ont été entrepris à cet effet. C'est que l'on pensait par là donner quelque illustration à son nom. On la faisait dépendre de la publication d'un *genre* très curieux ; car enfin on circonscrivait nettement une famille : ses caractères n'étaient ni indécis ni équivoques ; ce devenait aussi un droit légitimement acquis, que d'imposer un nom à l'objet de sa découverte : cette œuvre, se flattait-on, serait respectée.

Vains calculs ! le nombre des espèces s'est tout à coup et considérablement accru ; tous les caractères jusque là imaginés s'appliquent également à la plupart de ces nouvelles espèces : on dut remédier à cet inconvénient : ce fut en introduisant dans la classification un degré de plus de subdivision. C'était sans doute convenable, nécessaire même dans une telle occasion. Mais le moyen de s'arrêter dans une voie d'amélioration ! Pourquoi n'étendrait-on pas à toutes le remaniement de quelques familles ? et cette réflexion faite, un essaim de naturalistes est venu fondre sur les anciens travaux de détermination et les a eu bientôt dépecés. Prenant quelquefois leurs motifs dans une seule considération, et souvent sans autre inspiration qu'un besoin vague d'imitation, la plupart réforment, subdivisent, dénomment à titre nouveau, et, se substituant à leurs devanciers, ils croient leur avoir accordé ample ou du moins suffisante justice, s'ils les tiennent à leur suite dans un demi-jour. C'est effectivement de ce côté que se porte présentement l'activité des esprits ; de telle sorte que pour n'être point laissé en arrière, c'est néscesité que de s'associer aux combinaisons du chien de la fable, que de tomber aussi sur le dîné du maître.

Cependant cette versatilité d'opinions, ces réformes ne sauraient être imputées toutes à caprice; elles attestent au contraire une marche constamment progressive. Depuis Aristote jusqu'à Linnée inclusivement, l'on sait à peu près empyriquement que les animaux qui se ressemblent à certains égards diffèrent sous beaucoup d'autres rapports. Dans les dernières années du siècle dernier, on croit à des différences essentielles : puis les différences perdent de ce caractère au fur et à mesure que de nouvelles espèces sont découvertes, et qu'au moyen de ces importantes acquisitions de la science les distances d'un être à l'autre diminuent, que tous ces intervalles tant estimés autrefois sont comblés. Encore plus instruits aujourd'hui, nous n'apercevons plus que des nuances, les séries se touchent, les genres se fondent les uns dans les autres : les espèces elles-mêmes manquent quelquefois de limites certaines. Qu'est-ce en effet qu'une *variété ?* où commence-t-elle ? où finit-elle ? Toute délimitation de cette sorte semble abandonnée le plus souvent au caprice du naturaliste instituant. Les hommes habiles voient ces difficultés et y échappent, en formant leurs nouveaux genres avec deux ou trois espèces au plus, et ils laissent à d'autres le devoir difficile, et dans plusieurs cas impraticable d'y incorporer ce qui en reste d'espèces : c'est cueillir la rose ; ses épines sont abandonnées à des mains subalternes.

Qu'arrive-t-il de ces travaux incomplets ? qu'ils manquent d'unité, qu'un *species* n'est plus possible, et que faute de tenir à jour l'inventaire de nos richesses zoologiques, les naturalistes chargés de classer et de cataloguer les collections des villes restent sans guide.

Toutefois leurs plaintes ne seraient-elles pas exagérées, leur exigence surtout, quand ils comparent les travaux de l'époque actuelle aux classifications linnéennes, et qu'ils voudraient trouver dans ceux-là mêmes simplicité, clarté, lucidité que dans celles-ci. D'abord il est plus facile de ranger un nombre très restreint qu'un très grand nombre d'objets ; et en second lieu, c'est qu'en raison des intercalations qui sont venues combler presque tous les vides ou intervalles entre les espèces, le temps de signaler de grandes différences est passé. Ce qui résulte de toutes les découvertes modernes, c'est que tous les animaux viennent plus ou moins se confondre dans une ressemblance mutuelle.

Voilà d'où vient que les distributions méthodiques s'embarrassent, et qu'elles semblent moins commodes dans la pratique qu'on peut et doit naturellement le désirer; mais ces difficultés, elles nous sont imposées, et il les faut accepter avec toutes leurs conséquences. Cependant quelques dédommagemens nous sont offerts : les avantages que la science d'organisation perd d'un côté, ne les retrouve-t-elle pas de l'autre avec usure? Je veux parler du principe entrevu dans tous les temps, et d'autant mieux qu'on ne se laissait point accabler par les détails; celui de l'*Unité de composition dans l'organisation de toute l'échelle animale.* La zoologie en reçoit une direction plus assurée, et qui remplace avec avantage tous les tâtonnemens et pressentimens partiels dont elle s'était jusque là contentée.

Cette vue d'un ordre élevé, véritable base de la philosophie naturelle, n'est point restée renfermée dans le cercle des savans ; tout récemment encore deux ouvrages littéraires viennent de lui consacrer un article, la *Revue encyclopédique* dans son n° 116, p. 440, et la *Revue française* (1) dans la cinquième livraison.

La proposition elle-même que les deux ouvrages tiennent également pour incontestablement vraie,

---

(1) L'article dont il est ici question a pour titre : *Considérations sur le développement du fœtus humain.*

les occupe moins qu'un zèle de nationalité, que le désir sincère d'en attribuer l'invention à qui de droit : ils savent que cette idée-mère, à laquelle ils applaudissent sans réserve, agite l'Allemagne et commence à se répandre en France. Les deux Revues n'entrent en dissentiment qu'au moment de se prononcer sur la question de priorité.

L'auteur anonyme du second de ces ouvrages, aussi profond physiologiste qu'écrivain distingué, laisse à désirer sous le point de vue de l'érudition. La question de priorité qu'il décide en faveur des Allemands n'est traitée par lui qu'accidentellement : il ne consulte point les ouvrages originaux ; il se contente des impressions qu'il reçoit de la lecture d'une préface écrite en Allemagne, et par une main intéressée en la question. Il présente Kielmeyer (1) et l'un de ses élèves, M. Meckel, comme ouvrant la carrière en 1811 ; M. Tiedemann, leur célèbre com-

(1) Kielmeyer n'a rien publié sur cette matière : c'est dans une thèse qui lui était dédiée qu'Ulrich, l'un de ses disciples, qui écrivait en 1816, le place au nombre des partisans de la nouvelle doctrine. Voici tout ce passage : *Ita Kielmeyrum præceptorem pie venerandum, quamvis vertebram tanquam caput integrum considerari posse in scholis anatomicis docentem audivi*. Thèse d'Ulrich sur les os de la tête, principalement sur ceux de la tête des tortues, pag. 4. Berlin, 1816.

patriote, comme la parcourant en 1816; et les Français comme arrivant à leur suite vers 1817 et 1818. Cependant mes premiers travaux entrepris *ex professo* sur la matière, mon premier essai d'une démonstration en forme, remontent à l'année 1807 : ils ont été publiés dans un recueil imprimé à Paris, les *Annales du Muséum d'histoire naturelle*.

Ce point en litige ne peut manquer d'être examiné un jour et décidé en droit : il ne me convient en aucune manière d'y intervenir; et d'ailleurs, avant tout, je me dois à d'autres soins. N'aurait-on pas effectivement agi avec trop de précipitation en produisant au grand jour la doctrine de l'Unité de composition organique? On inclinera à le croire, si cette doctrine n'a point reçu un assentiment universel, si elle est encore un sujet de controverse parmi les savans. Or une grave opposition existe : celle-ci réapparaît en ce moment et plus forte et plus véhémente; elle vient de haut, de la plus grande autorité, quant aux sciences naturelles. C'est M. Cuvier qui réprouve le principe de l'Unité de composition dans les séries animales. *Cette doctrine n'a*, dit-il (1), *de réalité que dans l'imagination de quelques naturalistes, plus poètes qu'ob-*

(1) *Histoire naturelle des poissons*, par MM. Cuvier et Valenciennes, tome 1er, page 551, in-8°, 1828.

servateurs. Souscrirai-je pour ma part à ce jugement de condamnation?

Quand je réfléchis à la grande célébrité de son auteur, à ses nombreux travaux, à l'habileté avec laquelle il a manié et donné les législations actuelles sur la zoologie, je suis tenté d'admettre que, pour ma part, dans l'entraînement des esprits vers une philosophie aussi séduisante, je me serais laissé abuser par des apparences trompeuses. Cependant, que je fasse quelques pas en arrière, je cède à une autre conviction. Je ne puis écarter de mon souvenir les travaux d'une vie déjà longue. Depuis 1796 (1) cette base fondamentale à donner à la philosophie naturelle, que *tous les animaux vertébrés sont construits sur le même modèle*, principe pressenti par Aristote, et admis par d'autres philosophes comme une vérité de sentiment, n'a cessé d'être l'objet de mes préoccupations : ma vie tout entière a été employée à rechercher les élémens

---

(1) J'imprimai ce qui suit, en 1796, dans le *Magasin Encyclopédique*, tome VII, p. 20. « Une vérité constante pour l'homme qui a observé un grand nombre de productions du globe, c'est qu'il existe entre toutes leurs parties une grande harmonie et des rapports nécessaires ; c'est qu'il semble que la nature se soit renfermée dans de certaines limites, et n'ait formé tous les êtres vivans que sur un plan unique, essentiellement le même dans son principe, mais

de cette proposition, à pénétrer dans toutes les difficultés de la question, à aborder tous les cas signalés comme des faits d'anomalie, et enfin, par la découverte de tous les rapports pressentis, mais jusque là complétement ignorés, à changer en une vérité démontrée ce qui avait paru seulement probable aux penseurs de tous les temps et de tous les pays. Je n'eusse fait que cela (1), du moins je l'aurai fait de mon mieux, avec bonne foi, et sous l'inspiration de l'épigraphe placée en tête de mes ouvrages, *Utilitati*. Après les objections que je viens de lire dans l'*Histoire naturelle des poissons*, ma conviction reste entière. Y persévérer, et le dire hautement, est une nécessité de ma position ; et quoiqu'il m'en coûte beaucoup de faire éclater ce

qu'elle a varié de mille manières dans toutes les parties accessoires. »

« Si nous considérons particulièrement une classe d'animaux, c'est là surtout que son plan nous paraîtra évident : nous trouverons que les formes diverses sous lesquelles elle s'est plu à faire exister chaque espèce, *dérivent toutes les unes des autres : il lui suffit de changer quelques unes des proportions des organes pour les rendre propres à de nouvelles fonctions et pour en étendre ou restreindre les usages.* »

(1) Ce n'est point que j'aie la prétention de m'appliquer le *timeo doctorem unius libri* de saint Augustin, bien que j'aie toujours été inspiré par une seule pensée, bien que tous mes écrits s'en tiennent à la reproduire sans cesse et uniquement.

dissentiment dans nos vues scientifiques, je n'ai point le choix d'un autre parti : en effet, c'est par mes soins qu'en France cette pensée est entrée dans le domaine public ; qu'il n'est ouvrages ni recueils de médecine qui ne la reproduisent, qui ne la croient susceptible d'applications utiles.

Cette discussion sera de toutes manières utile : qu'on vienne à reconnaître que je me suis trompé, on trouvera plutôt à se défendre d'une séduction, d'une erreur qui compte déjà un grand nombre de partisans ; et, qu'il en soit autrement, les attaques de M. Cuvier n'arrêteront pas, elles seconderont au contraire le mouvement imprimé ; car enfin toutes les objections à diriger contre cette manière de voir étant produites, peuvent être prises une à une, discutées, appréciées à leur véritable valeur, et jugées par l'arbitre suprême en pareilles matières ; savoir : le goût et le sens droit et toujours éclairé du public.

Ce n'est point en terminant cette introduction à la première partie de mes leçons, que je puis complétement répondre à de nombreuses objections disséminées dans un fort volume ; mais je me procurerai espace et lieu convenables pour le faire ; je m'en tiendrai dans la présente occasion à examiner quelques principales objections.

Je lis page 544 : *Comme l'animalité n'a reçu*

qu'un nombre borné d'organes, il fallait bien que quelques uns de ces organes au moins fussent communs à plusieurs classes; mais où est d'ailleurs la ressemblance ? Aucun de nous ne parle de *ressemblance*, mais bien d'analogie, de rapports, de répétition d'organes quant à leur essence : il y a bouche, œil, oreille, etc., chez tous les animaux, mais non similitude entière de ces mêmes parties; et de même aussi aucun de nous, que je sache, n'a dit que les *poissons fussent des mollusques anoblis, des fœtus de reptiles, des reptiles commençans.* De telles paroles seraient justement répréhensibles.

Afin sans doute de se ménager de puissans moyens d'attaque, on se montre exigeant en réclamant d'autres élémens, on place la discussion sur des bases qui impliquent contradiction. C'est dans le passage de la page 550 : *Concluons que s'il y a des* ressemblances *entre les organes des poissons et ceux des autres classes, ce n'est qu'autant qu'il y en a entre leurs fonctions.* Tant que l'on ne fut inspiré et guidé que par un instinct très vague et un tâtonnement aveugle dans la recherche des analogies, l'on ne négligea aucune observation pouvant produire des rapports; et, en effet, que les organes comparés diffèrent peu, les rapports s'étendent aux fonctions. Mais enfin les déterminations d'organes tentées et exécutées successivement avec bonheur ont indiqué de meilleures directions à suivre : et ce qu'en effet les derniers travaux de ce genre ont procuré de résultats, ce qu'ils donnent aujourd'hui comme règles certaines, c'est précisément la nécessité d'exclure la considération des fonctions, s'il s'agit de comparaisons d'organes, s'il s'agit du point de vue philosophique. Cela résulte de ce que les fonctions croissent en importance comme les volumes, toutes autres choses demeurant d'ailleurs dans le même état.

Que trouver en effet qui se répète plus exactement (je ne dis point qui soit plus parfaitement *ressemblant*) que l'homme à sa naissance et l'homme adulte ? Tous les organes du mouvement progressif sont chez l'un comme chez l'autre, également les organes de la préhension, également ceux de la génération, etc. Or, faites qu'ils entrent en jeu, et vous trouvez que ce qui est facile ici demeure là impossible. La main délicate des femmes ne saurait soulever ce lourd marteau, qui est l'outil à tous momens employé par celle du forgeron. Cependant, comme identité de parties, c'est le même appareil ; la structure en est la même ; mais autre est sa puissance, autre et différente est sa fonction.

La même structure est observée dans le dernier

tronçon du membre antérieur chez les mammifères. Ainsi, même emploi de phalanges, mêmes ajustement et disposition pour en faire des doigts, même appareil musculaire pour les étendre et les fléchir : il y a par conséquent répétition uniforme de ces matériaux, identité incontestée d'un animal à l'autre : et voyez cependant que la fonction diffère; car ce dernier tronçon de l'extrémité antérieure est chez la plupart employé diversement, devenant la pate du chien, la griffe du chat, la main du singe, une aile chez la chauve-souris, une rame chez le phoque, enfin une portion de la jambe chez les ruminans.

C'est en forçant le sens de nos paroles, mais surtout en rendant notre doctrine responsable de quelques premières tentatives infructueuses, de quelques fautes alors commises, que l'attaque se poursuit avec habileté. A quelques exceptions près, les recherches comparatives ayant pour but la détermination philosophique des organes ne remontent point au delà des premières années du dix-neuvième siècle. Auparavant, on n'avait guère demandé à l'organisation que des documens réclamés par l'état précaire de la zoologie : l'intérêt de cette science, le perfectionnement des classifications excitaient seuls le zèle. Mais, entré depuis dans une tout autre carrière, il fallut, en pénétrant dans cette nuit profonde, quelque courage et de la persévérance. Accueillons donc tous les efforts, même infructueux, j'allais dire avec indulgence, je suis tenté d'ajouter avec reconnaissance.

« Pour l'un, est-il dit p. 545, les coquilles des bi-
« valves représentent les opercules des poissons ;
« pour l'autre, le bouclier de la seiche est un véri-
« table os fibreux; pour un troisième, les grandes
« écailles de l'esturgeon ou les épines des diodons
« deviennent un squelette extérieur. D'autres vont
« chercher leurs analogies dans les crustacés : les
« rebords de leur thorax représentent aussi des
« opercules; et sous ces rebords on trouve en effet
« des branchies. »

Ces efforts doivent-ils être pris en mauvaise part? ils sont nombreux; ils surgissent de tous côtés. Qu'en conclure? c'est, ce me semble, que la question en est venue à son point de maturité pour être traitée; que l'esprit humain s'y essaie de plusieurs manières ; qu'il s'y applique avec confiance , et que, si des dissentimens se choquent sur de mêmes sujets, ce malaise proviendrait de la crise d'un premier enfantement, de ce qu'il n'aurait point encore été recueilli assez de faits pour rester fixé sur les mêmes inductions.

Les crustacés ont le même *organe* respiratoire

(des branchies) que les poissons : Aristote, sans réunir ces animaux, indiquait leurs rapports, en qualifiant les premiers du nom d'*autres poissons*. Cependant où serait le danger de l'étude de considérations communes qu'on n'y aurait point encore reconnues? On insiste, et l'on parle de grandes différences manifestes ailleurs. Ce sera sans doute un motif pour redire avec Aristote que les crustacés et les poissons sont *autres;* mais non, je pense, pour se refuser à tenir compte de tous les degrés de rapprochemens que l'étude y ferait découvrir. C'est après cette discussion que l'auteur (p. 546) reprend ainsi : *Le rapprochement des poissons avec les autres vertébrés n'est pas tout-à-fait aussi mal fondé.* J'ai relu cette même phrase : pouvais-je m'attendre qu'elle serait écrite par le réformateur des classifications linnéennes? Les quatre classes *mammalia*, *aves*, *amphibia*, *pisces*, sont, sur son conseil et avec une acclamation universelle, réunies en une primordiale division, sous le nom d'*embranchement des vertébrés*. Je cherche le sens de cette phrase, et je me l'explique en croyant apercevoir que l'auteur a réformé un premier jugement; car évidemment il tient aujourd'hui les formes icthyologiques pour beaucoup plus différentes, pour *essentiellement* plus différentes, qu'il ne les avait jugées en écrivant et donnant en 1817 son *Règne animal*. Alors il annonça fermement « *quatre formes* « *principales*, *quatre plans généraux*, d'après les-« quels tous les animaux semblent avoir été mode-« lés, et dont les divisions ultérieures, de quelque « titre que les naturalistes les aient décorées, ne sont « que des modifications assez légères qui ne chan-« gent rien à l'essence. » *Règne animal*, t. I, p. 57.

Cette doctrine, nous y adhérons pleinement : celle de l'*Unité de composition organique* n'est autre. Nous trouvons que là M. Cuvier se place dans nos rangs avec les qualités de son talent supérieur, sa clarté et sa lucidité ordinaires. Nous l'y trouvons pareillement, si nous relisons son beau *Mémoire sur les Reptiles douteux*, imprimé dans l'*OEuvre zoologique* de M. de Humboldt; enfin nous citerons encore ses profondes *Recherches sur les œufs des quadrupèdes* (*Ann. du Mus. d'hist. nat.*, tome III, page 98), dont les inspirations furent puisées à la même source.

Ainsi, en 1817, les poissons étaient franchement classés parmi les animaux de la première forme, dans l'embranchement des *animalia vertebrata* : ils y formaient une classe à part, à titre de sous-embranchement, et cela pour une somme de différences considérées comme accidentelles, et simple-

ment relatives au milieu dans lequel ils respirent. Tout au contraire, l'ouvrage de 1828 les descend d'un degré; car il admet comme *essentielles* aujourd'hui ces mêmes différences; et c'est d'une manière si affirmative, que, dans le résumé de la fin du premier volume, les poissons y sont donnés (page 543) « comme une classe d'animaux diffé-
« rente de toutes les autres, et destinée en totalité,
« par sa conformation, à vivre, à se mouvoir, à
« exercer les actes essentiels à sa nature *dans l'élé-*
« *ment aqueux.* »

Je ne rapporte pas ces deux opinions pour en signaler et bien moins encore pour en blâmer la contradiction : c'est partout, et plus nécessairement encore dans les sciences, que l'on doit céder à sa conviction, et revenir sur d'anciennes préventions, si on les juge mal fondées.

Cependant quels sont les élémens de cette nouvelle détermination ? Je les entrevois ainsi qu'il suit :

1° Ils sont puisés dans une opinion que M. Cuvier a constamment professée, dans sa croyance à la préexistence des germes. Ainsi il a pu dire, et il a dit page 550 : *Si la nature a créé des muscles exprès pour les reptiles, et d'autres pour les poissons* (c'est la supposition du paragraphe précédent, alléguée plutôt que démontrée), *pourquoi ne pourrait-elle pas leur avoir créé des os ?* Il n'est rien là en effet qui implique contradiction, si l'on admet que de toute éternité tous les œufs, pour tous les âges, pour toutes les générations passées et à venir, existent avec des conditions inaltérables qui ramènent leurs formes particulières : A, B, C, créés de toute éternité, sont ce qu'ils sont; sans qu'il soit alors nécessaire de s'inquiéter de la rencontre fortuite (dans ce cas, *bien extraordinaire, incompréhensible,* oserai-je ajouter), sans, dis-je, qu'il soit nécessaire de s'inquiéter de la rencontre fortuite des mêmes organes chez plusieurs animaux, il suffirait de les décrire pour ce qu'ils sont : ce serait avoir assez fait pour indiquer *leur place dans la création.*

Mais alors il faut se résigner à reconnaître qu'il n'est plus de philosophie possible et de science pour l'histoire naturelle : il sera toujours utile de se tenir au courant de toutes les découvertes faites, et de continuer le grand inventaire des productions du globe, parce qu'il nous importe de ne rien ignorer de ce qui concerne tant de précieuses richesses dont nous pouvons disposer; mais il suffira de les inscrire avec discernement dans le grand catalogue des êtres. L'histoire naturelle ne sera plus que l'art d'en donner le signalement et d'en faire connaître, à la manière de Pline, les bonnes ou mauvaises qualités. Ainsi tous ces riches et magnifiques dons de la nature perdraient à nos yeux l'admirable raison de leur existence, leurs rapports *nécessaires!* Vous pourriez les embrasser dans une classification à cause de quelques rapports communs; mais leurs rapports seraient fortuits, ils seraient le produit du hasard! L'une des lumières de l'église de France, prélat célèbre pour la vigueur et la dialectique de ses écrits, s'est occupé de ces questions. Il voit avec évidence le doigt de Dieu se manifestant dans ce caractère *nécessaire* de tous les élémens de l'organisation. La doctrine de l'Unité de composition organique qu'il a connue par la lecture de ma *Philosophie anatomique* lui a paru ramener et porter les esprits vers l'Unité première, la cause et source de toutes choses (1).

(1) J'ai dû me ressouvenir et m'appuyer de cet auguste suffrage, parce que le côté religieux de la question a été examiné à part, et est devenu, dans le Dictionnaire des sciences naturelles, au mot *Nature*, une principale objection contre l'idée de l'Unité de composition organique. *Un tel système gênerait la liberté du Créateur..... Quelle loi aurait pu contraindre le Créateur à produire sans nécessité des formes inutiles, uniquement pour remplir des lacunes dans une échelle?*

M. Abel Remusat, rendant compte, au mois d'août 1827,

Entrons plus avant dans la question : la supposition que la nature peut créer *ad hoc* des os, se-

dans le journal des Savans, de la publication du *volumineux Dictionnaire*, et en particulier de celle des tomes XXXI—XLVII (1824—1827), a rapporté l'objection qu'on vient de lire, et y a répondu en ces termes : « Au fond, il
« ne s'agit pourtant, de la part de ces philosophes, que
« d'une extension plus grande accordée aux causes se-
« condes ; et le principe d'organisation successive pourrait
« avoir été donné aux êtres vivans, sans qu'il y eût rien
« de préjugé sur la spontanéité de ce principe : c'est là un
« point de fait à discuter entre les naturalistes. La notion
« de la Providence ne saurait être obscurcie, quel que soit
« le résultat de la discussion. »

J'étendrai cette réponse. Le principe de l'*Unité* de composition organique n'est plus donné de nos jours comme une proposition plus ou moins probable, n'est point seulement présenté comme une théorie *hardie* et spécieuse ; c'est le produit d'une observation attentive, c'est un fait du caractère de cette belle loi newtonienne que les astres pèsent les uns sur les autres et s'attirent d'après des règles constantes. Ces deux faits étant également tous deux un résultat de la volonté du Créateur ne compromettent ni ne blessent aucune sorte de liberté. Une observation attentive nous les a-t-elle révélés ? Historiens de ce qui est, notre rôle se borne à dire que les choses sont ainsi.

L'auteur du mot *Nature* assimile, atteint également et confond dans ses mêmes reproches les philosophes d'avant 1800 et les naturalistes des années suivantes, c'est-à-dire la doctrine de l'échelle unique et graduée de toutes les existences de l'univers, et celle d'une progression manifeste dans l'organisation. Les premiers attendaient avec une confiance par lon que les circonstances le rendent nécessaire, l'auteur de cette hypothèse l'érige en fait : il la tient pour réalisée dans l'organisation des poissons ; et il le faut bien, puisqu'il trouve dans leur crâne un plus grand nombre de pièces que dans les crânes des autres animaux vertébrés, et qu'il admet que personne ne parviendra à ramener tant de parties à de véritables analogues.

Cependant des travaux de ce genre se sont multipliés : les hommes de l'*unius libri*, comme les appelle saint Augustin, ne se détournant jamais des voies dans lesquelles ils se sont d'abord engagés, n'ont épargné ni soins ni veilles pour revoir et pour perfectionner l'unique sujet de leur préoccupation. Plusieurs déterminations de toutes les pièces crâniennes des poissons, de ces pièces comparées et ramenées aux pièces crâniennes de l'homme fœtal, existent dans la science. M. Cuvier ne l'ignore pas ; de là tout l'embarras de sa position au moment de donner un traité complet sur les êtres icthyologiques : si ces travaux satisfaisaient heureusement aux besoins de la science, et que M. Cuvier le reconnût, sa participation paraîtrait tardive. Occupé

trop naïve que des espèces exactement intermédiaires vinssent ajouter à la symétrie de leurs séries en y comblant quelques lacunes, quand les seconds vivent dans le présent, ne préjugent rien, mais marchent avec leur siècle.

d'autres soins, il n'a pu les suivre et les discuter au moment de leur publication, ni même plus tard, quand ils ont été repris à la seconde main et remaniés par d'autres esprits.

Mais enfin parce qu'ils ont pénétré dans la science, était-ce une nécessité qu'au moment d'écrire sur les poissons, M. Cuvier s'y arrêtât? Alors, que de questions principales avant de traiter les secondaires, les plus usuelles! Celles-là pourront revenir dans un ouvrage plus élevé, plus approprié à leur objet, dans un traité d'anatomie générale. Au fond, le livre qu'il s'agit d'établir est un *species;* il sera un magnifique et très utile *species* pour les poissons. Or c'est pour ainsi dire en dehors de ces considérations que la discussion toute anatomique est engagée. M. Cuvier a sa nomenclature faite, tout arrêtée : la réformer, la modifier pour l'accommoder aux nouvelles considérations répandues dans la science, apporterait trop de retard dans l'exécution de son plan.

Cependant, il n'oublie pas que ces considérations ont été mises en avant, mais il prend à leur égard son parti; il ne les examinera point l'une après l'autre pour les discuter et pour en démontrer l'inopportunité et l'erreur; il les rejette en masse; il se fie à la toute-puissance de son nom, il croit que nul, en

France tout du moins, n'appellera de son jugement ; et ces idées qu'il n'eût été que prudent d'abandonner à la sanction du temps, il les déclare *chimériques*, *poétiques*, etc. J'ajoute que si j'entrevois là quelque effet de précipitation, il y a eu toutefois entraînement réel, persuasion : la conviction a dicté cet arrêt.

Toutefois cette conviction, comment s'est-elle formée de manière à donner pour résultat de descendre en 1828 les poissons quelques degrés plus bas qu'ils n'avaient été placés en 1817? Pour le savoir, voyons les faits, et surtout soyons attentifs à l'ordre dans lequel ils ont été acquis et publiés. L'auteur, dont on ne peut assez louer le zèle, l'activité et le dévouement dans les travaux zoologiques (je ne parle pas de son talent; sa supériorité à cet égard est reconnue, est incontestée), l'auteur a de bonne heure aperçu qu'un ordre nouveau était à introduire dans la classification des poissons, et qu'il tirerait un parti très avantageux des considérations des parties solides de la tête et principalement des pièces operculaires. On n'avait encore donné qu'un seul nom à tout l'ensemble des pièces battant au devant des branchies, à l'*opercule*; le moment n'était pas venu de les ramener à leurs analogues chez l'homme fœtal ;

et la zoologie ne pouvait attendre. Pressée de jouissance, elle réclamait des noms provisoires, et M. Cuvier fut heureusement inspiré, quand, dans les légendes explicatives des planches du quatrième tome du Règne animal, il proposa de nommer les pièces de l'opercule et son arc antérieur, *opercule, subopercule, inter-opercule, et préopercule.* Ces dénominations étaient nécessaires, claires, explicatives l'une de l'autre : elles laissaient entière la question du rapport philosophique de chacun de ces os, et elles furent reçues avec empressement.

Mais à peine quelques mois s'étaient écoulés depuis la publication du Règne animal, que j'apportai à l'Académie un Mémoire dans lequel je cherchai à établir que les pièces de l'opercule correspondaient aux osselets intérieurs de l'oreille des quadrupèdes, et l'arc antérieur ou le préopercule au cadre du tympan. M. Cuvier donnant l'analyse de mes travaux dans une séance publique, les résuma par la phrase suivante : *Son opinion à cet égard est très hardie, et c'est peut-être, dans toute sa théorie, celle qu'il sera le plus difficile d'attaquer.* Voyez *Histoire de l'Académie royale des sciences, pour l'année* 1817, page cxx.

Je n'avais indiqué que des rapports; et j'ai depuis appelé l'Opercule *stapéal*, le Subopercule *incéal*, l'Inter-opercule *malléal*, et le Préopercule *tympanal*, conformément à leurs rapports découverts, c'est-à-dire, selon qu'ils correspondent, le premier à l'*étrier*, le second à l'*enclume*, le troisième au *marteau*, et le quatrième au *cadre du tympan*. En l'absence de ces dénominations, celles de M. Cuvier favorablement accueillies se répandirent et furent usuelles. C'était chose adoptée : pourquoi détruirait-il lui-même son propre ouvrage? *Premier motif* pour ne pas revenir sur ses anciennes opinions concernant les rapports des poissons. Mais *d'autres motifs* pour se fixer à ce parti étaient puisés dans l'adoption d'anciennes déterminations des os du crâne; celles-ci furent données originairement dans un mémoire ayant pour titre : *Sur la composition de la tête osseuse dans les animaux vertébrés* (1). Il avait imaginé trois sortes de frontaux, *principaux*, *antérieurs* et *postérieurs*, qui ne sont point chez les mammifères, mais qu'il croyait former la condition particulière des trois classes inférieures. On s'éleva de toutes parts, en France comme dans l'étranger, contre cette manière de voir, et il paraît généralement avéré aujourd'hui que la détermination qui donne aux ovipares des frontaux antérieurs et pos-

(1) Voyez *Annales du Muséum d'histoire naturelle*, tome IX, page 123; in-4°, 1812.

térieurs, dont manqueraient les mammifères, n'est pas fondée; ces os ont été méconnus, parce qu'ils apparaissent sous une forme assez différente dans les deux groupes. Ainsi ces pièces nominales auraient le même résultat parmi les matériaux crâniens que deux chiffres erronés dans une opération d'arithmétique: de proche en proche l'opération est mal posée et en définitive mal résolue.

Cependant ces arrangemens, admis en 1812, ont servi de base aux déterminations et aux dénominations des pièces crâniennes des reptiles, décrites et figurées dans l'histoire des Ossemens fossiles; ainsi ils sont entrés dans le cœur de tous les travaux de M. Cuvier. On sent qu'il devenait alors difficile d'y rien changer en 1828, et que la nouvelle Histoire naturelle des poissons a dû, pour le rapport des parties organiques de ces animaux, être sévèrement reproduite conformément au plan que l'auteur s'était anciennement tracé. Inévitablement engagé et renfermé dans un cercle d'opérations, il s'est trouvé amené au point de dire: *Mon siége est fait.*

Cela posé, et ayant adopté en principe que pour des besoins nouveaux la nature crée de nouveaux appareils, l'auteur, plus à l'aise, est d'abord revenu sur l'ancienne concession qu'il m'avait faite touchant l'analogie des pièces operculaires des poissons avec les os intérieurs de l'oreille des quadrupèdes. *Cet appareil operculaire lui paraît décidément en 1824 (voy. Ossemens fossiles, tome 5, partie 2, page 8.), un appareil spécial et propre aux espèces qui l'ont reçu.* Ma réponse à cette objection a paru dans les *Mémoires du Muséum d'histoire naturelle*, tome 12, page 13. En 1828, cette même objection est reproduite une seule fois dans le passage suivant, Poiss. 1, page 550 : *On a voulu trouver dans les pièces operculaires des ouïes des poissons, les os de l'oreille des mammifères; mais alors ils n'en seraient pas des germes, ils en seraient au contraire un énorme développement.* C'est à quoi se réduit l'objection du nouvel ouvrage contre la détermination des os de l'opercule. Mais quelle en est la valeur, et que contredit-elle? Rien, absolument rien, si les rapports que cette détermination suppose ne portent point sur les masses, sur le volume, mais sur l'essence et la connexion des parties.

Le nouvel ouvrage sur les poissons est établi sur une grande proportion; il doit donner tous les faits de la science; et, sous le point de vue de l'érudition, M. Cuvier ne s'est épargné ni soins ni peines pour le tenir au courant. Au fur et à mesure qu'il expose l'ostéologie des poissons avec sa nomenclature propre, il place en notes, et par conséquent en regard de ses travaux, les recherches, opinions et dénominations des savans de l'Europe qui se sont occupés des mêmes questions. Tous les travaux de Bakker, de Blainville, Bojanus, Carus, Geoffroy-Saint-Hilaire, Meckel, Oken, Rosenthal, Spix, Ulrich et Van der Hoëven y sont fidèlement rappelés, mais c'est toujours dans une manière simplement expositive; chacun y figure pour ce qu'il a fait, avec ses noms différens. S'il en est qui ont changé de vues et de nomenclature, leurs tergiversations rassemblées dans la même page sont mises au grand jour; il semble que chacun soit le maître d'avoir sa nomenclature à part, et qu'elle doive être différente sur les mêmes objets à Wilna, à Jéna, à Halle, à Berlin, à Munich, à Rotterdam et à Paris.

Cependant si l'érudition est, dans cette partie de l'ouvrage, habile, pleine et parfaitement satisfaisante, il n'en est point ainsi de la science des rapports. On en pourra juger sur un seul exemple, sur le caractère attribué aux pièces crâniennes des poissons. L'auteur les a numérotées, dans les planches de son ouvrage, depuis 1 jusqu'à 33. Les trois quarts, ou vingt-cinq de ces pièces ont été, sans difficulté ni hésitation, ramenées à leurs analogues, et elles portent chez les poissons le même nom que chez les autres animaux vertébrés : un quart, formé des n°s 19, 24, 27, 28, 30, 31, 32, 33, serait au contraire dans une condition nouvelle, tout ichthyologique. Ces huit pièces crâniennes, pour quiconque n'aurait encore étudié que les animaux des trois classes supérieures, lui apparaîtraient pour la première fois : ces pièces sont données (1) comme des os créés *ad hoc*, nécessaires, pour qu'elles puissent s'accommoder d'une influence dominante, sans doute de celle de l'*élément aqueux*.

Ainsi arrive une philosophie d'exception, sans qu'on ait pris le soin de dire comment et pourquoi elle échappe au cas général. Cependant, si le cas exceptionnel était d'une exécution moins praticable que celui de la règle, dans combien de difficultés c'est entrer gratuitement ! Car pour produire la tête, c'est-à-dire un ensemble pour les appareils des sens; afin d'en former la charpente osseuse, c'est-à-dire afin d'établir les cloisons d'un édifice où existent un salon, grand compartiment pour l'encé-

(1) Admettre la bigarrure de pièces qui sont ramenées à leurs analogues et de pièces qui ne le seraient pas, et ne considérer comme faits scientifiques que les seuls résultats où l'on serait soi-même parvenu, c'est donner à la science pour limites les bornes de ses propres facultés et connaissances.

phale, et des chambres particulières, compartimens moindres pour les organes des sens, il y serait donc procédé pour un quart par l'emploi de matériaux généralement étrangers à la tête! Bien qu'ils vivent dans *l'élément aqueux*, les poissons n'ont ni plus ni moins que la tête; les occupans de leur édifice crânien sont chez eux, comme chez les autres animaux vertébrés, l'encéphale et les organes du goût, de l'odorat, de l'ouïe et de la vue : or, ceux-ci resteraient fixés à leur condition analogique, et point les murailles osseuses de leur habitation! N'est-ce pas chose improbable? Je vais plus loin, j'y vois une réelle impossibilité, malgré l'assertion mise en avant, que la nature peut créer des os dans de certaines circonstances. Sans doute Dieu le pourrait faire, s'il voulait produire d'une manière capricieuse, monstrueuse, destructive de ses lois, faire miracle enfin.

Effectivement, ce n'est pas tout que de dire que des os nouveaux ont, pour un besoin quelconque, été créés, il faut songer à leur entourage, à leurs producteurs. Beaucoup de parties concourent à la formation d'un os. Celles-ci existeraient donc! mais où? tout os a son muscle, son nerf, sa veine et son artère à part. N'est-il pas évident que s'il y avait dans la tête des poissons huit fois autant d'appareils semblables, ce serait pour produire huit autres nouveaux organes, pour donner à chaque appartement des occupans autres que ceux que nous y savons logés?

Qu'une comparaison aide à l'intelligence des précédens raisonnemens. La tête contient les appareils des sens; il n'y a d'organisation que pour eux et avec eux, qu'afin qu'ils soient établis anatomiquement et physiologiquement. Les systèmes vasculaires et nerveux y envoient leur cime : les arbres qui les composent demandent et se conservent passage entre les cloisons. Il y a donc, quant aux enveloppes osseuses, solution de continuité plus grande d'abord, et ensuite plus restreinte. De cette manière, les os ont des limites nécessaires, sont des matériaux propres et indépendans; et de la nécessité de ces limites, il suit qu'ils reparaissent invariablement, qu'ils sont chez tous les animaux respectivement et identiquement les mêmes.

Cependant, qu'au lieu de reconnaître cette nécessité, vous en veniez à dire : « J'admets une autre « règle pour les poissons : telle pièce au dessous de « l'œil complète l'orbite, je la nomme *sous-orbitaire*; « telle autre précède la plaque battant sur les branchies, je la nomme *pré-opercule*, et pareillement « celle d'au dessous devient mon *sub-opercule*. »

Cherchons dans la comparaison suivante le *commodo* ou l'*incommodo* de cette mesure.

Que l'on ait imaginé d'augmenter le personnel d'un atelier de trois ouvriers de plus et que, sans avoir pris à leur égard des renseignemens suffisans, on les ait inscrits sur des états de paiemens et nommés sous les qualifications suivantes : *le premier*, *le second* et *le troisième*, tant de négligence ou de précipitation aurait lieu de surprendre. Ce ne saurait être qu'une mesure provisoire à remplacer au plus tôt par une réalité définitive, dès qu'à chacun, comme à chaque chose, il faut, l'on doit son véritable nom.

On n'avraiment pas agi différemment dans le choix qu'on a fait de ces mots provisoires *sous-orbitaire*, *pré-opercule* et *sub-opercule*; car bien qu'ils puissent sans inconvénient être employés dans les travaux zoologiques, ils ne perdent pas pour cela le défaut inhérent à leur condition qualificative, à leur étrangeté et à leur valeur seulement ichthyologique. Mais surtout je ne vois pas que ce soit faire de la *poésie* que d'essayer de rendre à ces pièces crâniennes leurs véritables dénominations, que de leur appliquer les noms de *jugal*, *tympanal* et *incéal*, ainsi que les idées que ces noms représentent, si elles sont vraies.

J'ai terminé cette introduction à mes leçons par une polémique qui m'a vivement agité et affligé : je m'en suis long-temps défendu, et il a fallu pour cela que ma conscience m'ait crié d'agir, de rester fidèle au sentiment de cette épigraphe, *Utilitati*. Les études de l'organisation sont présentement éclairées, fécondées et renouvelées par un nouveau principe, l'*Unité découverte dans la variété*. Chacune de mes leçons a pris son inspiration dans ces idées ; chacune en montre l'application chez tous les êtres, en donne une nouvelle démonstration. Mais une digue s'élève contre leur irruption ; et quoique rien ne la fonde que l'autorité d'un grand nom, c'est assez pour retenir peut-être quelque six ans encore. Dans ce cas, se taire serait dans ma position paraître approuver ; et après ces leçons écrites, ce serait frapper en elles l'esprit qui les vivifie, le sentiment d'une forte et parfaite conviction.

Cependant j'ai moins songé à recommander ces leçons, qui doivent dorénavant fournir elles-mêmes à leurs destinées, qu'à prémunir la jeunesse de nos écoles. S'abstiendra-t-elle ? c'est sagesse, il n'est point d'assentiment unanime. Mais elle ne peut long-temps attendre ; car s'abstenir durant le cours des années scolaires, c'est risquer d'ignorer toujours. Inclinant de sentiment vers cette studieuse et brillante jeunesse, mon dévoûment pour elle m'a porté à lui prêter l'appui de mon expérience. Je me rends cette justice : nul autre motif ne m'a engagé dans les soins de cette fâcheuse polémique.

Au surplus, c'est d'une bien petite partie de l'œuvre ichthyologique nouvellement publiée que je me suis ici occupé. Toute mon admiration pour ce qui en est l'objet spécial, pour sa partie zoologique, ne peut être plus grande, plus vraie : aussi je me place en tête des naturalistes qui doivent et qui voudront sans doute en rendre graces à notre grand zoologiste. Si les suffrages unanimes de l'Europe ne lui avaient déja décerné le titre de chef d'école, pour le profond savoir, la sagacité des vues, et la grande érudition qu'il a montrés dans le *Règne animal*, il suffirait de sa nouvelle production pour lui en assurer incontestablement le rang.

Le talent de l'induction est autre : mais s'il est difficile, il n'est pas cependant impossible qu'il se rencontre encore avec de grandes facultés pour rechercher et pour saisir les différences des choses.